MATH
WORKBOOK

Sara school

ALGEBRA EQUATIONS

One side

1) $y + 5 = 6$

2) $y + 4 = 11$

3) $y + 1 = 7$

4) $y + 4 = 10$

5) $y + 2 = 11$

6) $y + 4 = 13$

7) $8 + y = 11$

8) $y + 2 = 10$

9) $y + 3 = 11$

10) $2 + y = 7$

11) $y + 9 = 11$

12) $y + 2 = 3$

13) $y + 6 = 13$

14) $y + 9 = 13$

15) $7 + y = 8$

16) $y + 3 = 7$

17) $y + 1 = 5$

18) $y + 1 = 2$

1) $1 + y = 2$

2) $y + 2 = 10$

3) $6 + y = 8$

4) $1 + y = 9$

5) $y + 1 = 4$

6) $y + 7 = 11$

7) $y + 1 = 8$

8) $y + 3 = 6$

9) $y + 7 = 15$

10) $8 + y = 14$

11) $6 + y = 10$

12) $4 + y = 13$

13) $5 + y = 6$

14) $y + 4 = 8$

15) $9 + y = 17$

16) $7 + y = 9$

17) $4 + y = 12$

18) $y + 2 = 3$

1) $y - 2 = 6$

2) $5y + 7 = 17$

3) $5 + 4y = 9$

4) $7 - y = 5$

5) $4 + 2y = 22$

6) $y - 6 = 2$

7) $9 + 5y = 34$

8) $y + 3 = 7$

9) $9 - y = 2$

10) $y + 3 = 6$

11) $y - 1 = 5$

12) $4y + 7 = 35$

13) $y + 4 = 12$

14) $1 + 3y = 22$

15) $y - 5 = 2$

16) $6 + y = 11$

17) $y + 8 = 15$

18) $8 + y = 11$

1) $9 + y = 17$

2) $5 = y - 2$

3) $8 - y = 6$

4) $9 = y + 1$

5) $7 = y - 1$

6) $6 = y + 4$

7) $4 + 7y = 25$

8) $4 + 4y = 8$

9) $18 = y + 9$

10) $2 + y = 8$

11) $70 = 7 + 7y$

12) $13 = y + 8$

13) $6 = 1 + 5y$

14) $50 = 5 + 9y$

15) $4 = y - 5$

16) $8 + y = 17$

17) $1 = y - 5$

18) $21 = 9 + 6y$

1) $13 = y + 6$

2) $3 = y + 2$

3) $18 = y + 9$

4) $11 = 3 + y$

5) $y - 2 = 2$

6) $8 - y = 2$

7) $y - 3 = 0$

8) $9 - y = 7$

9) $11 = 4 + 1y$

10) $4 = 6 - y$

11) $42 = 6y + 6$

12) $5 = 7 - y$

13) $20 = 5y + 5$

14) $4 = 2 + y$

15) $2 + 5y = 37$

16) $1 = 4 - y$

17) $5 = y - 4$

18) $3 = 9 - y$

1) $y + 4 = 12$

2) $2 = y - 7$

3) $7 = y - 1$

4) $y - 6 = 2$

5) $6 - y = 1$

6) $y + 3 = 12$

7) $44 = 5y + 9$

8) $9 - y = 7$

9) $7y + 6 = 13$

10) $4 = y + 1$

11) $3 + y = 7$

12) $7 + 1y = 10$

13) $5 = 6 - y$

14) $4 = y - 5$

15) $41 = 6 + 5y$

16) $9 + y = 15$

17) $6 + y = 15$

18) $0 = y - 8$

1) $20 = 8 + 2y$

2) $y - 2 = 1$

3) $15 = 8 + 7y$

4) $8 + y = 17$

5) $12 = 7 + y$

6) $39 = 7 + 4y$

7) $2y + 2 = 18$

8) $3 + y = 9$

9) $3y + 1 = 28$

10) $7 = 8 - y$

11) $8 + 8y = 32$

12) $15 = 3 + 3y$

13) $11 = y + 3$

14) $17 = y + 9$

15) $4 = y + 2$

16) $8 + 5y = 33$

17) $4 = 8 - y$

18) $y + 2 = 6$

1) $9 + y = 14$

2) $8y + 8 = 32$

3) $39 = 4y + 7$

4) $2 = y - 2$

5) $9y + 9 = 18$

6) $9 + y = 16$

7) $7 + 8y = 39$

8) $1y + 6 = 14$

9) $6 - y = 2$

10) $12 = 7 + y$

11) $18 = y + 9$

12) $15 = 7y + 1$

13) $3 = 4 - y$

14) $y + 4 = 8$

15) $12 = y + 5$

16) $4 + 2y = 10$

17) $6 = y - 2$

18) $46 = 6y + 4$

1) $2 + 9y = 11$

2) $y + 3 = 12$

3) $8y + 5 = 53$

4) $9 = y + 1$

5) $6 = 5 + y$

6) $7 = y + 2$

7) $8 - y = 2$

8) $53 = 5 + 6y$

9) $y + 9 = 11$

10) $11 = y + 2$

11) $14 = y + 5$

12) $3 = 1 + y$

13) $7 + y = 13$

14) $5 = y - 2$

15) $1 = 3 - y$

16) $12 = 4 + y$

17) $45 = 7y + 3$

18) $4 + 8y = 44$

1) $2 + y = 5$

2) $26 = 1 + 5y$

3) $10 = 1 + y$

4) $7y + 7 = 14$

5) $7 = 5 + y$

6) $8 - y = 7$

7) $4 = 6 - y$

8) $34 = 6 + 7y$

9) $29 = 5 + 3y$

10) $y - 1 = 0$

11) $1 = 9 - y$

12) $5y + 9 = 34$

13) $0 = y - 4$

14) $7 = y + 3$

15) $9 - y = 3$

16) $y - 3 = 4$

17) $34 = 3y + 7$

18) $4 = 1y + 1$

1) $7 + 4y = 15$

2) $y + 2 = 6$

3) $10 = y + 4$

4) $y - 1 = 8$

5) $y - 1 = 7$

6) $4 = 9 - y$

7) $5 = y - 3$

8) $15 = y + 7$

9) $8 - y = 2$

10) $9y + 8 = 89$

11) $2 = y + 1$

12) $8 + 2y = 22$

13) $6 = 9 - y$

14) $8 = y + 2$

15) $9 - y = 3$

16) $9 + 1y = 16$

17) $5y + 9 = 54$

18) $y - 5 = 4$

1) $1 = y - 1$

2) $y - 1 = 2$

3) $10 = y + 1$

4) $3 - y = 0$

5) $5y + 6 = 16$

6) $3 = 1y + 1$

7) $12 = 4 + 1y$

8) $8 = 1 + y$

9) $6 + y = 11$

10) $7 = 6 + y$

11) $y + 7 = 15$

12) $9 + 1y = 15$

13) $3 + 5y = 43$

14) $0 = y - 6$

15) $3 = y - 1$

16) $y - 6 = 3$

17) $34 = 5y + 4$

18) $3 = y - 5$

1) $8 + y = 13$

2) $24 = 6 + 6y$

3) $13 = y + 4$

4) $11 = 2y + 1$

5) $15 = y + 9$

6) $3 + y = 7$

7) $2 = 6 - y$

8) $3 + 3y = 21$

9) $y + 5 = 6$

10) $52 = 4 + 6y$

11) $9y + 3 = 66$

12) $2 + y = 5$

13) $9 + y = 11$

14) $4 + y = 9$

15) $0 = y - 3$

16) $38 = 7y + 3$

17) $17 = y + 9$

18) $13 = 7 + 1y$

1) $68 = 7y + 5$

2) $9 - y = 5$

3) $6 + 8y = 30$

4) $8 + 1y = 17$

5) $5 = y + 3$

6) $3y + 8 = 14$

7) $y - 5 = 2$

8) $37 = 4y + 9$

9) $y + 8 = 11$

10) $y + 9 = 11$

11) $8y + 1 = 73$

12) $y + 4 = 9$

13) $7 - y = 6$

14) $0 = y - 1$

15) $32 = 6y + 2$

16) $69 = 6 + 9y$

17) $y - 7 = 1$

18) $11 = y + 5$

1) $y - 3 = 3$

2) $3 = y - 6$

3) $5y + 8 = 53$

4) $8 = 2 + y$

5) $1 = 3 - y$

6) $18 = 9 + y$

7) $39 = 6y + 3$

8) $y - 6 = 2$

9) $6 = y - 2$

10) $1 + 9y = 19$

11) $0 = y - 4$

12) $65 = 7y + 9$

13) $5 = y - 1$

14) $11 = y + 2$

15) $y + 2 = 6$

16) $10 = 4y + 2$

17) $3 = y + 2$

18) $y + 5 = 6$

1) $9y + 4 = 76$

2) $15 = 6 + 1y$

3) $6 = y - 2$

4) $y + 2 = 3$

5) $2 = 4 - y$

6) $3 - y = 2$

7) $10 = y + 3$

8) $9 = 5 + y$

9) $y - 5 = 2$

10) $y - 4 = 5$

11) $9 + 4y = 13$

12) $4 + 9y = 49$

13) $2 = 9 - y$

14) $5 + y = 12$

15) $32 = 8 + 4y$

16) $y + 6 = 8$

17) $y - 3 = 6$

18) $3 + 9y = 30$

1) $2 + 2y = 18$

2) $11 = 5y + 6$

3) $17 = 2y + 3$

4) $y - 2 = 1$

5) $2 = 6 - y$

6) $y - 1 = 1$

7) $14 = y + 5$

8) $3 = y - 4$

9) $y - 5 = 2$

10) $8 = 6 + y$

11) $3 = 6 - y$

12) $7 - y = 5$

13) $12 = 4 + 1y$

14) $2 = 3 - y$

15) $34 = 6y + 4$

16) $25 = 9 + 4y$

17) $59 = 3 + 7y$

18) $y + 3 = 6$

1) $6 - y = 4$

2) $2 + 5y = 37$

3) $y - 3 = 5$

4) $y + 3 = 10$

5) $y - 6 = 1$

6) $y + 4 = 8$

7) $y + 8 = 15$

8) $6 + y = 8$

9) $11 = y + 7$

10) $y + 8 = 10$

11) $14 = y + 8$

12) $7 - y = 5$

13) $7 = 8 - y$

14) $y - 1 = 3$

15) $y + 2 = 7$

16) $11 = 2y + 3$

17) $y - 3 = 3$

18) $5 + y = 7$

1) $6 + y = 12$

2) $5y + 9 = 29$

3) $9 - y = 2$

4) $y + 3 = 7$

5) $16 = 8 + 8y$

6) $2 + y = 11$

7) $54 = 6 + 6y$

8) $5 + 8y = 53$

9) $9 = 3 + 1y$

10) $y - 4 = 4$

11) $12 = y + 9$

12) $2 = y + 1$

13) $2 = 7 - y$

14) $1 + y = 5$

15) $6 = y - 1$

16) $13 = y + 7$

17) $y + 6 = 15$

18) $y + 8 = 15$

1) $7 + y = 10$

2) $6 - y = 4$

3) $45 = 9y + 9$

4) $33 = 9y + 6$

5) $1 = 9 - y$

6) $7 + 3y = 34$

7) $10 = 3y + 4$

8) $13 = 8 + y$

9) $4 - y = 3$

10) $5 = 8 - y$

11) $11 = 2 + y$

12) $6 = 2 + y$

13) $8 + y = 9$

14) $5 = 7 - y$

15) $6y + 5 = 35$

16) $y + 5 = 6$

17) $24 = 4 + 4y$

18) $y - 1 = 3$

ALGEBRA EQUATIONS

Two side

1) $19 + y = 2y$

2) $90 - y = 9y$

3) $252 + x = 15x$

4) $11y = 120 - y$

5) $11x = 144 - x$

6) $33 + y = 12y$

7) $13y = 216 + y$

8) $108 - y = 17y$

9) $40 - x = 4x$

10) $22 + y = 3y$

11) $17y = 36 - y$

12) $19y = 324 + y$

13) $39 + x = 4x$

14) $80 - x = 9x$

15) $9y = 40 - y$

16) $48 + y = 9y$

1) $72 - y = 11y$

2) $2x = 19 + x$

3) $95 - y = 18y$

4) $4y = 60 + y$

5) $72 - x = 5x$

6) $4x = 90 - x$

7) $220 - y = 19y$

8) $24 + x = 7x$

9) $9x = 40 + x$

10) $66 + y = 12y$

11) $15x = 272 - x$

12) $121 - x = 10x$

13) $2x = 17 + x$

14) $102 + y = 18y$

15) $36 - y = 8y$

16) $2y = 3 - y$

1) $45 - y = 8y$

2) $18x = 209 - x$

3) $6 + x = 4x$

4) $14 + y = 2y$

5) $112 + x = 15x$

6) $15x = 80 - x$

7) $11y = 10 + y$

8) $72 - x = 11x$

9) $15y = 140 + y$

10) $15y = 240 - y$

11) $108 - x = 11x$

12) $98 - y = 6y$

13) $224 - y = 15y$

14) $60 - y = 14y$

15) $119 - x = 16x$

16) $8y = 126 - y$

1) $80 + y = 9y$

2) $11y = 170 + y$

3) $112 + x = 8x$

4) $4x = 50 - x$

5) $9x = 8 + x$

6) $15x = 224 - x$

7) $65 + x = 14x$

8) $18x = 119 + x$

9) $210 - y = 14y$

10) $27 + x = 4x$

11) $3y = 38 + y$

12) $11y = 160 + y$

13) $120 - x = 11x$

14) $16y = 119 - y$

15) $12x = 121 + x$

16) $45 + x = 16x$

1) $54 + x = 19x$

2) $176 + y = 17y$

3) $2x = 57 - x$

4) $70 - y = 13y$

5) $8y = 108 - y$

6) $255 + x = 16x$

7) $14x = 90 - x$

8) $18x = 221 + x$

9) $15y = 210 + y$

10) $19y = 288 + y$

11) $8x = 77 + x$

12) $64 + x = 17x$

13) $16 + y = 2y$

14) $6y = 45 + y$

15) $4y = 54 + y$

16) $40 + y = 6y$

1) $77 + y = 8y$

2) $11x = 20 + x$

3) $5y = 36 - y$

4) $16y = 15 + y$

5) $6y = 10 + y$

6) $27 + x = 4x$

7) $72 + x = 13x$

8) $2y = 8 + y$

9) $9x = 200 - x$

10) $15 + x = 6x$

11) $12 + y = 2y$

12) $4x = 27 + x$

13) $18x = 57 - x$

14) $4y = 55 - y$

15) $18y = 102 + y$

16) $16x = 136 - x$

1) $45 + y = 6y$

2) $4y = 60 + y$

3) $2y = 3 + y$

4) $70 - x = 6x$

5) $28 + x = 8x$

6) $11 + y = 2y$

7) $13x = 126 - x$

8) $10y = 54 + y$

9) $10 + x = 2x$

10) $252 - y = 13y$

11) $18y = 285 - y$

12) $3y = 40 + y$

13) $17y = 126 - y$

14) $7x = 30 + x$

15) $2x = 24 - x$

16) $20 - x = 3x$

1) 14 − y = 6y

2) 153 − x = 16x

3) 4x = 55 − x

4) 144 + y = 19y

5) 16y = 85 − y

6) 13x = 196 − x

7) 2x = 45 − x

8) 56 + x = 15x

9) 10x = 165 − x

10) 64 − x = 7x

11) 306 − x = 16x

12) 8 + y = 2y

13) 48 + x = 9x

14) 11x = 40 + x

15) 5y = 78 − y

16) 114 + x = 7x

1) $5 + y = 2y$

2) $5x = 72 + x$

3) $104 - x = 12x$

4) $17y = 234 - y$

5) $44 - x = 10x$

6) $21 - y = 6y$

7) $17 - y = 16y$

8) $7x = 48 - x$

9) $210 + x = 16x$

10) $3x = 32 + x$

11) $10x = 81 + x$

12) $182 - x = 13x$

13) $8 + y = 2y$

14) $5x = 16 + x$

15) $11x = 140 + x$

16) $90 + y = 10y$

1) $105 + x = 16x$

2) $5y = 16 + y$

3) $270 + x = 16x$

4) $81 - x = 8x$

5) $104 - x = 7x$

6) $11x = 240 - x$

7) $285 - x = 14x$

8) $220 + x = 12x$

9) $285 - y = 14y$

10) $132 + y = 13y$

11) $10 - x = 4x$

12) $27 - y = 8y$

13) $15y = 160 - y$

14) $255 - x = 14x$

15) $3 - x = 2x$

16) $9y = 90 - y$

1) $2x = 45 - x$

2) $144 + x = 10x$

3) $5y = 56 + y$

4) $17y = 48 + y$

5) $11 + x = 12x$

6) $30 - x = 2x$

7) $306 + y = 18y$

8) $2x = 16 + x$

9) $7x = 56 - x$

10) $19x = 252 + x$

11) $104 + y = 9y$

12) $55 - x = 10x$

13) $6x = 80 + x$

14) $7x = 102 + x$

15) $144 - y = 11y$

16) $5y = 60 - y$

1) $84 - y = 5y$

2) $112 - y = 7y$

3) $120 + x = 13x$

4) $45 - y = 2y$

5) $19x = 54 + x$

6) $11y = 20 + y$

7) $235 + y = 14y + 14$

8) $90 + x = 6x$

9) $224 + x = 17x$

10) $64 + y = 5y$

11) $84 + x = 13x$

12) $332 - y = 9 + 18y$

13) $12x = 143 - x$

14) $2y = 16 + y$

15) $19y = 120 - y$

16) $8y = 9 - y$

1) $5y = 84 - y$

2) $83 + y = 6 + 8y$

3) $4 + 19x = 124 - x$

4) $16 + 9y = 126 - y$

5) $16 + 2x = 28 + x$

6) $30 + y = 7y$

7) $19x + 15 = 141 + x$

8) $12 + 8y = 192 - y$

9) $156 + y = 14y$

10) $34 - x = 16x$

11) $6 + 7x = 158 - x$

12) $8x + 13 = 157 - x$

13) $15x = 208 - x$

14) $60 - x = 5x + 18$

15) $3x + 12 = 20 - x$

16) $122 + x = 17 + 8x$

1) $58 - y = 19 + 2y$

2) $143 - y = 10y$

3) $60 - y = 4y$

4) $19 + 12y = 32 - y$

5) $85 - y = 8y + 13$

6) $14 + 6x = 34 + x$

7) $115 + y = 16 + 10y$

8) $120 + y = 7y$

9) $73 + y = 13 + 13y$

10) $110 + x = 11 + 12x$

11) $18x + 1 = 153 - x$

12) $56 + y = 15y$

13) $9x = 24 + x$

14) $66 - y = 10y + 11$

15) $10y + 5 = 60 - y$

16) $9 + y = 2y$

1) $180 - x = 11x$

2) $14 + 15y = 94 - y$

3) $380 - x = 19x$

4) $15x = 14 + x$

5) $4x = 15 + x$

6) $13y = 120 + y$

7) $7 + 16x = 127 + x$

8) $171 - y = 8y$

9) $14y = 65 + y$

10) $34 - x = 6x + 20$

11) $3x + 11 = 41 + x$

12) $74 + y = 5y + 14$

13) $14y = 26 + y$

14) $120 - x = 19x$

15) $18x + 18 = 189 - x$

16) $17x + 13 = 121 - x$

1) $11y = 60 - y$

2) $150 - y = 15y + 6$

3) $2x + 12 = 29 + x$

4) $107 + y = 9y + 3$

5) $288 - x = 15x$

6) $152 - x = 9 + 12x$

7) $16 - x = 15x$

8) $140 - y = 13y$

9) $18y = 285 - y$

10) $19 - x = 4x + 9$

11) $108 - y = 11y$

12) $10x = 88 - x$

13) $156 - y = 11y$

14) $164 + y = 11 + 10y$

15) $19y = 120 - y$

16) $6 + 14y = 188 + y$

1) $110 - y = 9y$

2) $8x = 14 + x$

3) $135 + x = 16x$

4) $47 + y = 19 + 8y$

5) $150 - x = 9x$

6) $27 - y = 2y$

7) $98 + x = 8x$

8) $2 + 11x = 132 + x$

9) $6 + x = 2x$

10) $2y + 1 = 16 + y$

11) $156 - x = 12x$

12) $90 + y = 19y$

13) $5x = 120 - x$

14) $37 + y = 17 + 5y$

15) $10y + 5 = 115 - y$

16) $8y = 70 + y$

1) $10 + y = 6y$

2) $8 + 10y = 206 - y$

3) $17y + 5 = 229 + y$

4) $11x = 12 - x$

5) $2x + 1 = 46 - x$

6) $121 + x = 12x$

7) $143 + x = 7 + 9x$

8) $27 + y = 10y$

9) $12x = 154 + x$

10) $4x = 33 + x$

11) $4 + 16x = 106 - x$

12) $5 + 3x = 31 + x$

13) $285 - y = 18y$

14) $144 - x = 7x$

15) $8x = 35 + x$

16) $19y = 90 + y$

1) $17y = 360 - y$

2) $225 + x = 16x$

3) $11x = 12 - x$

4) $2 + 12y = 54 - y$

5) $12 + 19x = 336 + x$

6) $20 + 15x = 188 + x$

7) $60 + y = 16y$

8) $35 - x = 6x$

9) $11y + 9 = 117 - y$

10) $112 - y = 10y + 2$

11) $2y = 60 - y$

12) $19 + 11y = 187 - y$

13) $158 - y = 14 + 17y$

14) $386 - y = 18y + 6$

15) $44 + x = 12x$

16) $20 + 15y = 68 - y$

1) $41 + x = 5x + 5$

2) $115 - x = 6x + 17$

3) $17x + 12 = 204 + x$

4) $88 - y = 18y + 12$

5) $88 - x = 10x$

6) $36 - y = 5y$

7) $228 + x = 13x$

8) $63 + x = 10x$

9) $104 - y = 4 + 19y$

10) $19 + x = 8x + 12$

11) $7x = 160 - x$

12) $8x = 119 + x$

13) $19y = 126 + y$

14) $15 + 10x = 81 - x$

15) $152 + y = 9y$

16) $13x + 3 = 227 - x$

SIMPLIFY
THE EXPRESSIONS

1) $2x - 14x + 20 + 10$

2) $7x - 12 + 19x - 13 + 4x + 9$

3) $-x + 13x$

4) $-14x + 7x$

5) $10 + 12x - 18x$

6) $-7x + 19x + 17 - 2x$

7) $19 - 14(-19x + 6)$

8) $4 + 19(5x + 7)$

9) $3 + 2(15x - 1)$

10) $8x - 7 - 8x + 12$

11) $5 - 5(-19x + 19)$

12) $x - 13x + 16x + 7 + 16$

13) $15 - 16x + 9 - 8x + 17 - 14x$

14) $-17 - 8x + 10x - 6 + 2x$

15) $-7x - 6 + 16x$

16) $13x + 10 + 7x$

17) $-3x - 6x$

18) $-17x + 16x$

19) $13x + 12x$

20) $12x + 19x$

1) $-x - 4x$

2) $14x + 4 - 20x - 15 + 12x - 20$

3) $18x + 6x$

4) $10x - 6x$

5) $2x + 8x$

6) $-2x - 15x$

7) $4 - 18x + 4 - 4x + 18 - 13x$

8) $6x - 13x + 8 + 6$

9) $15x + 20x$

10) $3x - x$

11) $-5x + 6 - 12 + 6x$

12) $-6 + 5x - 12x - 9 + x$

13) $-2x + 2x + 9 - x$

14) $14x - 16x + 7x - 1 + 2$

15) $x - 7x$

16) $-2 - 5x + 20 - 15x$

17) $-17x + x$

18) $19x + 8x$

19) $-18x + x$

20) $x - 13x + 13x + 12 + 19$

1) $5x + 1 + x$

2) $-7 + 14x + 6 - 8x$

3) $14x + 10 + 3x + 13 + 17x + 14$

4) $12x - x$

5) $2x - x$

6) $8 + x - 1 + 12x$

7) $-4x - 1 - 3x$

8) $20x + 9 + x$

9) $10 + 19x - 15x$

10) $11x - 8 - 9x + 9$

11) $x - 4x$

12) $20 + 11x - 2x + 19 - x$

13) $-9x - 9x$

14) $4 + 17x - 19 + 14x$

15) $x + 12x$

16) $x - 19x + 13x + 11 + 7$

17) $8 + 6(6x + 20)$

18) $-x + 6x$

19) $12 + 5x - 14x$

20) $14 + 4x - 11x$

1) $17x + 14 + 11x$

2) $-15x - 19x$

3) $x - 14 - 17x + 15$

4) $7 - 1(-6x + 13)$

5) $-x - 18x$

6) $-x - 2x$

7) $8x + 10x$

8) $-17x - 20x$

9) $-x + 2x$

10) $-17x + 5x$

11) $4x - 16x$

12) $5x + 19 + 6x + 6 + 4x + 3$

13) $-11x + x$

14) $7x - 9 - x + 9 - 13$

15) $2x - 15x + 5 + 20$

16) $10x - 5x + 14x - 5 + 18$

17) $6x - 18 - 14x + 13$

18) $11x - 5x + 1 + 6$

19) $-15x + 13 + 8x + 19 + 17x - 17$

20) $x - 8x$

1) $3 + 12(16x - 13)$

2) $19 + 10x - 5 + 10x - 15 + 4x$

3) $2x + 9 - 5x + 3 + 17x + 2$

4) $8 + 6x - 3 + 15x$

5) $-14x - 6 + 19x$

6) $-19 - 10x + 14 - 11x$

7) $x - 12x + 8x + 2 + 18$

8) $x - 9x$

9) $18x + 18 - 8x + 7 + 10x + 19$

10) $-x + 19x$

11) $18 + 16x - 10x + 16 - 8x$

12) $x + 9x$

13) $x - 6x$

14) $-5x - 12 - 7x$

15) $-15x - x$

16) $2 + 13(-20x + 1)$

17) $4x + x$

18) $-2x + 10x + 16 - 11x$

19) $-16x - x$

20) $-4 + 10x - 20x - 1 + 14x$

1) $-3x + 11x + 18 - 3x$

2) $x - 8x$

3) $1 + 5x - 12 + 17x - 2 + 6x$

4) $-4x + 7 - 10x$

5) $3x - 8x + 9 + 10$

6) $16x + 16x$

7) $-19 - 3x + 7x - 1 + 14x$

8) $18x - 12x + 18 + 11$

9) $19x - x$

10) $x - 16x + 13x + 8 + 17$

11) $-x + 5x$

12) $-11x - 18 + 4 - 11x$

13) $-8x + 5 - 14x$

14) $14x + x$

15) $16x - 7 + 13x - 5 + x + 18$

16) $6 + 19 + 20x - 14x + 6 - 3x$

17) $9 + 7x - 20 + 16x - 2 + 14x$

18) $13x + 6 + 18x$

19) $6 + 16(17x - 11)$

20) $14x + x$

1) $10 + 5 + 11x - 8x + 3 - 18x$

....

2) $-12 + 14x - 14x - 12 + 11x$

....

3) $9x - 6 - 5x + 13$

....

4) $-20x - x$

....

5) $14x + 7 - 10x - 18 + 18x - 20$

....

6) $x - 12x$

....

7) $x - 15x + 9x + 12 + 8$

....

8) $16 - 14(2x - 15)$

....

9) $13x + 4 + x$

....

10) $-7x + x$

....

11) $8 + 2x - 18x + 12 - 11x$

....

12) $8 + 14x - 15 + 20x$

....

13) $-19x + 2 - 6x$

....

14) $-11 + 4 - 9x + 14x - 1 + 5x$

....

15) $-20x + 13 + 14x + 4 + 18x - 19$

....

16) $7x - 11x + 4 + 16$

....

17) $-2x - 20 - 3x$

....

18) $19x - 13 - x + 15 - 18$

....

19) $9x - 16 - x + 1$

....

20) $-5 + 10x - 4x - 14 - 11x$

....

1) $4 + 6(7x - 19)$

2) $-3x + 20 - 12 + 14x$

3) $9x - x$

4) $x - 14x + 11x + 13 + 1$

5) $-20x + 1 + 4x + 13 + 2x - 11$

6) $8 + 4 + 5x - 2x + 15 - 6x$

7) $-3x + 6x$

8) $18 + 14x - 9 + 17x - 14 + 4x$

9) $4x + 1 - 9 - 13x + 2x$

10) $18 - 15x + 15 - 6x + 10 - x$

11) $11x + 4 - 17x + 7 + 16x + 18$

12) $-18x + 18 + 8x$

13) $-6x + 20 - 16 + 18x$

14) $9 + 12x - 15x$

15) $17 + 20(8x + 2)$

16) $16x - 8x + 2x - 16 + 1$

17) $x + 11 + 15x$

18) $7 + 11 + 8x - x + 17 - 7x$

19) $6x + x$

20) $14x + 19 - 2 - 2x + 18x$

1) $-3x - 14 - 11x$

2) $-x + 7x$

3) $12x - 12x + 7 + 11$

4) $-16x - x$

5) $12 + 11(-17x + 20)$

6) $16x - 16 - 5x + 17$

7) $x - 15x + 15x + 4 + 11$

8) $4 + 18(10x - 18)$

9) $-2x - 1 - 8x$

10) $20 - 16(-13x + 13)$

11) $8x - 9 + 2x - 3 + 15x + 14$

12) $3 - 7(-19x + 12)$

13) $-8x + 11 + 20x$

14) $x + 13 + 3x$

15) $1 + 19(14x + 18)$

16) $18 + 15(6x + 10)$

17) $13 + 4 + 4x - 4x + 18 - 16x$

18) $6 - 14(-12x + 18)$

19) $-2x + 12 - 9x$

20) $-6x + 9x$

1) $-11x + x$

2) $12x - 11x + 4x - 20 + 14$

3) $-9 + 19x - 9x - 11 - 11x$

4) $x - 16x$

5) $-x + 3x$

6) $3x - 15 - 17x + 12 - 20$

7) $-3x + 8x$

8) $13 + 3x - 5 + 15x - 7 + 17x$

9) $14x - x$

10) $3x + 12 + x$

11) $18 + x - 10 + 9x$

12) $-4 - 8x + 2x - 11 + 11x$

13) $5x + x$

14) $7 + 18x - 5 + 14x - 13 + 13x$

15) $13x + x$

16) $-x + 8x$

17) $12 + x - 15 + 4x$

18) $x + 14x$

19) $17x + 14 - 17 - 11x + 6x$

20) $2 + 5(-9x + 12)$

1) $x + 7 + 14x$

2) $2 + 17(-4x + 11)$

3) $-20 + 4x + 7 - 17x$

4) $-20 + 8x - 2x - 5 - x$

5) $-7x + x$

6) $-2x - 12 + 13 - 15x$

7) $2x - 15 - 2x + 4$

8) $-3x + 3 + 11x + 19 + 5x - 7$

9) $-17 + 18x - 20x - 17 + 10x$

10) $3 + 14x - 5 + 15x - 9 + 10x$

11) $15 - 5(-7x + 17)$

12) $2x + 9 + 3x$

13) $2x - 16x$

14) $-18x + x$

15) $13x - 15 - 9x + 9$

16) $-18x + 8 - 3 + 19x$

17) $18 + 5(16x + 20)$

18) $6x + 15 + x$

19) $7 + 13x - 19x + 19 - 10x$

20) $15x - 3x + 18 + 14$

1) $8 + 12x - 10 + 16x - 19 + 4x$

....

2) $-17x - 14x$

....

3) $x + 10x$

....

4) $9 + x - 17 + 13x$

....

5) $14 + 16x - x$

....

6) $17x - 10x + 1 + 13$

....

7) $16x + 13 - 15 - 4x + 4x$

....

8) $6x - x$

....

9) $16x + 6 + 2x$

....

10) $11x - 8x + 7x - 18 + 12$

....

11) $-13 + 12x - 8x - 8 + 17x$

....

12) $15x + 18 - 13x - 6 + 3x - 17$

....

13) $3x - 17 + 20x - 1 + 11x + 3$

....

14) $8x + 18 - 8 - 13x + 8x$

....

15) $-12x - 3 - 2x$

....

16) $6x + 19 + x$

....

17) $-19 + 17x - 10x - 9 + 10x$

....

18) $-16x + 12 - 6x$

....

19) $14x + 13 + 5x$

....

20) $4 + 1(-15x + 8)$

....

1) $-15x + 10 - 16 + 2x$

2) $x - 7x + 5x + 10 + 7$

3) $-x - 8x$

4) $7x + 17 - 2x + 13 + 8x + 18$

5) $-11x - 15x$

6) $19x - 14x$

7) $-2x + 9x + 15 - 20x$

8) $4 - 10(18x - 17)$

9) $2x - x$

10) $-7 - 15x + 18 - 7x$

11) $-11x + 9 - 3 + 2x$

12) $-5 + 2x + 12 - 7x$

13) $-18 - 5x + 20 - 11x$

14) $12 + 3(-x + 19)$

15) $11 + 10x - 9 + 11x - 13 + 7x$

16) $-16x - 6x$

17) $x - 4x + 14x + 20 + 4$

18) $4x + 12 + 20x + 4 + 7x + 20$

19) $8x + 12 + 13x + 7 + 17x + 11$

20) $-14 + 5x - 11x - 19 - 16x$

1) $20x - 2 - 4x + 19$

2) $x - 17x$

3) $-x + 11 + 14x$

4) $14x - 7 + 5x - 20 + 7x + 4$

5) $15 + 4 + 8x - 16x + 5 - 15x$

6) $-x + 7 - 15x$

7) $17x - 11x + 11 + 14$

8) $13x + 20 + 4x$

9) $-19x + 10x$

10) $-10x + x$

11) $13 + 8(6x - 9)$

12) $19x + 5 - 6 - 6x + 7x$

13) $20x - 6x + 18x - 9 + 18$

14) $6x + 7x$

15) $-x - 18x$

16) $-4x + 17x + 14 - 15x$

17) $20 + x - 5 + 19x$

18) $14 - 18(20x - 18)$

19) $10x - 9x + 8 + 12$

20) $-12x + 5 - 4x$

1) $8 + 16x - 5x + 7 - 14x$

....

2) $x - 10x$

....

3) $15 - 5(-8x + 8)$

....

4) $-18x - x$

....

5) $14 - 15(3x - 16)$

....

6) $20 + 14(17x - 1)$

....

7) $x - 6x$

....

8) $3 + 6x - 15 + 7x - 14 + 17x$

....

9) $-20x - x$

....

10) $8x + 16 + 7x + 12 + 13x + 3$

....

11) $19x + 6 + 3x + 1 + 10x + 9$

....

12) $6x - 15 - 14x + 5$

....

13) $15 + 19(6x + 2)$

....

14) $8 - 6(4x - 10)$

....

15) $x - 17x$

....

16) $11 - 19(-13x + 20)$

....

17) $7 + x - 4 + 7x$

....

18) $11 + 18x - 15 + 4x - 5 + 13x$

....

19) $18 + 10x + 13 + 20x$

....

20) $-12x - 20x$

....

1) $-8x + x$

2) $15x + 12 + x$

3) $3x - 15 - 5x + 9$

4) $15 + 11 + 14x - 18x + 18 - 2x$

5) $-18x - x$

6) $-14 + 4x - 9x - 19 + 14x$

7) $13 + 10x - x$

8) $-18x - 1 - 13 - x$

9) $-x + 13x$

10) $11 + 5x + 1 + 17x$

11) $12x + 13 - 14x + 7 + 6x + 12$

12) $16 + 6(6x - 1)$

13) $5 + 14x - x + 16 - 13x$

14) $19x - 15 - 15x + 7 - 2$

15) $-14x - x$

16) $13 + 6x - 7 + 18x$

17) $-11 - 16x + 13x - 9 + 16x$

18) $5 - 7x + 19 - 7x + 16 - 13x$

19) $13 + 20 + 9x - 3x + 13 - 15x$

20) $13 - 8x + 3 - 17x + 20 - 12x$

1) $-4 + 9x + 2 - 7x$

2) $19x + 4 - 8 - 17x + 15x$

3) $-15x - 6 - 4 - 6x$

4) $20x + 3 + 18x$

5) $7x + x$

6) $-19 + 12x - 15x - 1 - 8x$

7) $8x - x + 11 + 3$

8) $11x + 20 + x$

9) $-8x + 5x$

10) $-7x - 18 - 8x$

11) $13x + 19 + 5x + 2 + 19x + 19$

12) $7x + 20 - 10x + 20 + 9x + 16$

13) $10x - 4 - 7x + 17$

14) $-x - 15x$

15) $-4x - 15x$

16) $-4 + 7 - 12x + 18x - 12 + 19x$

17) $6x - 7x + 12x - 7 + 11$

18) $-20 + 9x - 10x - 10 - 12x$

19) $14x - 12 + 5x - 19 + 16x + 1$

20) $20x - 18 + 8x - 18 + 17x + 4$

1) $x - 3x$

2) $17x - 17x$

3) $-1 + 20x - 12x - 6 + 7x$

4) $-19x + x$

5) $4x - 7 - 5x + 12 - 14$

6) $4x - 17 - 5x + 7 - 10$

7) $20x - 14 + 14x - 6 + 11x + 10$

8) $18x - 9x + 19 + 8$

9) $-17x + 14 + 15x$

10) $10 + x - 2 + 8x$

11) $16x + 1 + 15x$

12) $17 + x - 9 + 9x$

13) $20x + 19 + 11x + 6 + 17x + 18$

14) $-6x - x$

15) $6x + x$

16) $x - x$

17) $5x - 3 + 20x - 8 + 6x + 20$

18) $10x - x$

19) $-17 + 4x - 3x - 5 + 12x$

20) $14x + 9 - 6x + 1 + 9x + 10$

1) $-20x - 2 + 17 - 20x$

2) $-16x + 16x + 16 - 4x$

3) $x + 12 + 9x + 18 + 12x + 6$

4) $-11x + 17 - 11x$

5) $-18x + 18x$

6) $-18 - 9x + 16x - 3 + 16x$

7) $13x + 3 + 6x$

8) $-20 - 19x + 19x - 7 + 8x$

9) $19x + 17 - 13x - 17 + 4x - 5$

10) $4 + 18x - 17 + 13x - 10 + x$

11) $-13x - 14 - 5 - 19x$

12) $12x + 19 - 13x + 20 + 11x + 9$

13) $-3 - 7x + 19x - 3 + 7x$

14) $5x + 19 - 2x - 1 + 8x - 1$

15) $-14 + 5x - 18x - 1 - 20x$

16) $x - x$

17) $-3x - x$

18) $18 + 6x - 1 + 15x - 6 + x$

19) $18 + 17x - 9 + 2x - 18 + 15x$

20) $-19x + 10x$

1) $-x + 9 + 16x$

2) $-x - 17 - 12 - 3x$

3) $x - 5x + 3x + 6 + 3$

4) $4 + 20 + 15x - 8x + 19 - x$

5) $-12x - 20x$

6) $14x - 12x$

7) $12 + 19x - x$

8) $-12 - 17x + 17x - 12 + x$

9) $-20 - 18x + 8x - 15 + 10x$

10) $-12x - 15 - 15x$

11) $19 - 6x + 20 - 15x + 15 - 18x$

12) $19 - 10(-2x + 3)$

13) $-x + 15x$

14) $-5x - 12 - 20 - 13x$

15) $-6 - 11x + 13x - 19 + 15x$

16) $8x + 11 - 7 - 3x + 2x$

17) $18 - 19(7x - 7)$

18) $x - 12x$

19) $6x + 19 - 16x - 7 + 10x - 13$

20) $17 + 18(5x - 1)$

ANSWERS

Page 1

1) $y + 5 = 6$ $y = 1$

2) $y + 4 = 11$ $y = 7$

3) $y + 1 = 7$ $y = 6$

4) $y + 4 = 10$ $y = 6$

5) $y + 2 = 11$ $y = 9$

6) $y + 4 = 13$ $y = 9$

7) $8 + y = 11$ $y = 3$

8) $y + 2 = 10$ $y = 8$

9) $y + 3 = 11$ $y = 8$

10) $2 + y = 7$ $y = 5$

11) $y + 9 = 11$ $y = 2$

12) $y + 2 = 3$ $y = 1$

13) $y + 6 = 13$ $y = 7$

14) $y + 9 = 13$ $y = 4$

15) $7 + y = 8$ $y = 1$

16) $y + 3 = 7$ $y = 4$

17) $y + 1 = 5$ $y = 4$

18) $y + 1 = 2$ $y = 1$

Page 2

1) $1 + y = 2$ $y = 1$

2) $y + 2 = 10$ $y = 8$

3) $6 + y = 8$ $y = 2$

4) $1 + y = 9$ $y = 8$

5) $y + 1 = 4$ $y = 3$

6) $y + 7 = 11$ $y = 4$

7) $y + 1 = 8$ $y = 7$

8) $y + 3 = 6$ $y = 3$

9) $y + 7 = 15$ $y = 8$

10) $8 + y = 14$ $y = 6$

11) $6 + y = 10$ $y = 4$

12) $4 + y = 13$ $y = 9$

13) $5 + y = 6$ $y = 1$

14) $y + 4 = 8$ $y = 4$

15) $9 + y = 17$ $y = 8$

16) $7 + y = 9$ $y = 2$

17) $4 + y = 12$ $y = 8$

18) $y + 2 = 3$ $y = 1$

Page 3

1) $y - 2 = 6$ $y = 8$

2) $5y + 7 = 17$ $y = 2$

3) $5 + 4y = 9$ $y = 1$

4) $7 - y = 5$ $y = 2$

5) $4 + 2y = 22$ $y = 9$

6) $y - 6 = 2$ $y = 8$

7) $9 + 5y = 34$ $y = 5$

8) $y + 3 = 7$ $y = 4$

9) $9 - y = 2$ $y = 7$

10) $y + 3 = 6$ $y = 3$

11) $y - 1 = 5$ $y = 6$

12) $4y + 7 = 35$ $y = 7$

13) $y + 4 = 12$ $y = 8$

14) $1 + 3y = 22$ $y = 7$

15) $y - 5 = 2$ $y = 7$

16) $6 + y = 11$ $y = 5$

17) $y + 8 = 15$ $y = 7$

18) $8 + y = 11$ $y = 3$

Page 4

1) $9 + y = 17$ $y = 8$

2) $5 = y - 2$ $y = 7$

3) $8 - y = 6$ $y = 2$

4) $9 = y + 1$ $y = 8$

5) $7 = y - 1$ $y = 8$

6) $6 = y + 4$ $y = 2$

7) $4 + 7y = 25$ $y = 3$

8) $4 + 4y = 8$ $y = 1$

9) $18 = y + 9$ $y = 9$

10) $2 + y = 8$ $y = 6$

11) $70 = 7 + 7y$ $y = 9$

12) $13 = y + 8$ $y = 5$

13) $6 = 1 + 5y$ $y = 1$

14) $50 = 5 + 9y$ $y = 5$

15) $4 = y - 5$ $y = 9$

16) $8 + y = 17$ $y = 9$

17) $1 = y - 5$ $y = 6$

18) $21 = 9 + 6y$ $y = 2$

Page 5

1) $13 = y + 6$ $y = 7$
2) $3 = y + 2$ $y = 1$
3) $18 = y + 9$ $y = 9$
4) $11 = 3 + y$ $y = 8$
5) $y - 2 = 2$ $y = 4$
6) $8 - y = 2$ $y = 6$
7) $y - 3 = 0$ $y = 3$
8) $9 - y = 7$ $y = 2$
9) $11 = 4 + 1y$ $y = 7$
10) $4 = 6 - y$ $y = 2$
11) $42 = 6y + 6$ $y = 6$
12) $5 = 7 - y$ $y = 2$
13) $20 = 5y + 5$ $y = 3$
14) $4 = 2 + y$ $y = 2$
15) $2 + 5y = 37$ $y = 7$
16) $1 = 4 - y$ $y = 3$
17) $5 = y - 4$ $y = 9$
18) $3 = 9 - y$ $y = 6$

Page 6

1) $y + 4 = 12$ $y = 8$
2) $2 = y - 7$ $y = 9$
3) $7 = y - 1$ $y = 8$
4) $y - 6 = 2$ $y = 8$
5) $6 - y = 1$ $y = 5$
6) $y + 3 = 12$ $y = 9$
7) $44 = 5y + 9$ $y = 7$
8) $9 - y = 7$ $y = 2$
9) $7y + 6 = 13$ $y = 1$
10) $4 = y + 1$ $y = 3$
11) $3 + y = 7$ $y = 4$
12) $7 + 1y = 10$ $y = 3$
13) $5 = 6 - y$ $y = 1$
14) $4 = y - 5$ $y = 9$
15) $41 = 6 + 5y$ $y = 7$
16) $9 + y = 15$ $y = 6$
17) $6 + y = 15$ $y = 9$
18) $0 = y - 8$ $y = 8$

Page 7

1) $20 = 8 + 2y$ $y = 6$
2) $y - 2 = 1$ $y = 3$
3) $15 = 8 + 7y$ $y = 1$
4) $8 + y = 17$ $y = 9$
5) $12 = 7 + y$ $y = 5$
6) $39 = 7 + 4y$ $y = 8$
7) $2y + 2 = 18$ $y = 8$
8) $3 + y = 9$ $y = 6$
9) $3y + 1 = 28$ $y = 9$
10) $7 = 8 - y$ $y = 1$
11) $8 + 8y = 32$ $y = 3$
12) $15 = 3 + 3y$ $y = 4$
13) $11 = y + 3$ $y = 8$
14) $17 = y + 9$ $y = 8$
15) $4 = y + 2$ $y = 2$
16) $8 + 5y = 33$ $y = 5$
17) $4 = 8 - y$ $y = 4$
18) $y + 2 = 6$ $y = 4$

Page 8

1) $9 + y = 14$ $y = 5$
2) $8y + 8 = 32$ $y = 3$
3) $39 = 4y + 7$ $y = 8$
4) $2 = y - 2$ $y = 4$
5) $9y + 9 = 18$ $y = 1$
6) $9 + y = 16$ $y = 7$
7) $7 + 8y = 39$ $y = 4$
8) $1y + 6 = 14$ $y = 8$
9) $6 - y = 2$ $y = 4$
10) $12 = 7 + y$ $y = 5$
11) $18 = y + 9$ $y = 9$
12) $15 = 7y + 1$ $y = 2$
13) $3 = 4 - y$ $y = 1$
14) $y + 4 = 8$ $y = 4$
15) $12 = y + 5$ $y = 7$
16) $4 + 2y = 10$ $y = 3$
17) $6 = y - 2$ $y = 8$
18) $46 = 6y + 4$ $y = 7$

Page 9

1) $2 + 9y = 11$ $y = 1$
2) $y + 3 = 12$ $y = 9$
3) $8y + 5 = 53$ $y = 6$
4) $9 = y + 1$ $y = 8$
5) $6 = 5 + y$ $y = 1$
6) $7 = y + 2$ $y = 5$
7) $8 - y = 2$ $y = 6$
8) $53 = 5 + 6y$ $y = 8$
9) $y + 9 = 11$ $y = 2$
10) $11 = y + 2$ $y = 9$
11) $14 = y + 5$ $y = 9$
12) $3 = 1 + y$ $y = 2$
13) $7 + y = 13$ $y = 6$
14) $5 = y - 2$ $y = 7$
15) $1 = 3 - y$ $y = 2$
16) $12 = 4 + y$ $y = 8$
17) $45 = 7y + 3$ $y = 6$
18) $4 + 8y = 44$ $y = 5$

Page 10

1) $2 + y = 5$ $y = 3$
2) $26 = 1 + 5y$ $y = 5$
3) $10 = 1 + y$ $y = 9$
4) $7y + 7 = 14$ $y = 1$
5) $7 = 5 + y$ $y = 2$
6) $8 - y = 7$ $y = 1$
7) $4 = 6 - y$ $y = 2$
8) $34 = 6 + 7y$ $y = 4$
9) $29 = 5 + 3y$ $y = 8$
10) $y - 1 = 0$ $y = 1$
11) $1 = 9 - y$ $y = 8$
12) $5y + 9 = 34$ $y = 5$
13) $0 = y - 4$ $y = 4$
14) $7 = y + 3$ $y = 4$
15) $9 - y = 3$ $y = 6$
16) $y - 3 = 4$ $y = 7$
17) $34 = 3y + 7$ $y = 9$
18) $4 = 1y + 1$ $y = 3$

Page 11

1) $7 + 4y = 15$ $y = 2$
2) $y + 2 = 6$ $y = 4$
3) $10 = y + 4$ $y = 6$
4) $y - 1 = 8$ $y = 9$
5) $y - 1 = 7$ $y = 8$
6) $4 = 9 - y$ $y = 5$
7) $5 = y - 3$ $y = 8$
8) $15 = y + 7$ $y = 8$
9) $8 - y = 2$ $y = 6$
10) $9y + 8 = 89$ $y = 9$
11) $2 = y + 1$ $y = 1$
12) $8 + 2y = 22$ $y = 7$
13) $6 = 9 - y$ $y = 3$
14) $8 = y + 2$ $y = 6$
15) $9 - y = 3$ $y = 6$
16) $9 + 1y = 16$ $y = 7$
17) $5y + 9 = 54$ $y = 9$
18) $y - 5 = 4$ $y = 9$

Page 12

1) $1 = y - 1$ $y = 2$
2) $y - 1 = 2$ $y = 3$
3) $10 = y + 1$ $y = 9$
4) $3 - y = 0$ $y = 3$
5) $5y + 6 = 16$ $y = 2$
6) $3 = 1y + 1$ $y = 2$
7) $12 = 4 + 1y$ $y = 8$
8) $8 = 1 + y$ $y = 7$
9) $6 + y = 11$ $y = 5$
10) $7 = 6 + y$ $y = 1$
11) $y + 7 = 15$ $y = 8$
12) $9 + 1y = 15$ $y = 6$
13) $3 + 5y = 43$ $y = 8$
14) $0 = y - 6$ $y = 6$
15) $3 = y - 1$ $y = 4$
16) $y - 6 = 3$ $y = 9$
17) $34 = 5y + 4$ $y = 6$
18) $3 = y - 5$ $y = 8$

1) $8 + y = 13$ $y = 5$
2) $24 = 6 + 6y$ $y = 3$
3) $13 = y + 4$ $y = 9$
4) $11 = 2y + 1$ $y = 5$
5) $15 = y + 9$ $y = 6$
6) $3 + y = 7$ $y = 4$
7) $2 = 6 - y$ $y = 4$
8) $3 + 3y = 21$ $y = 6$
9) $y + 5 = 6$ $y = 1$
10) $52 = 4 + 6y$ $y = 8$
11) $9y + 3 = 66$ $y = 7$
12) $2 + y = 5$ $y = 3$
13) $9 + y = 11$ $y = 2$
14) $4 + y = 9$ $y = 5$
15) $0 = y - 3$ $y = 3$
16) $38 = 7y + 3$ $y = 5$
17) $17 = y + 9$ $y = 8$
18) $13 = 7 + 1y$ $y = 6$

1) $68 = 7y + 5$ $y = 9$
2) $9 - y = 5$ $y = 4$
3) $6 + 8y = 30$ $y = 3$
4) $8 + 1y = 17$ $y = 9$
5) $5 = y + 3$ $y = 2$
6) $3y + 8 = 14$ $y = 2$
7) $y - 5 = 2$ $y = 7$
8) $37 = 4y + 9$ $y = 7$
9) $y + 8 = 11$ $y = 3$
10) $y + 9 = 11$ $y = 2$
11) $8y + 1 = 73$ $y = 9$
12) $y + 4 = 9$ $y = 5$
13) $7 - y = 6$ $y = 1$
14) $0 = y - 1$ $y = 1$
15) $32 = 6y + 2$ $y = 5$
16) $69 = 6 + 9y$ $y = 7$
17) $y - 7 = 1$ $y = 8$
18) $11 = y + 5$ $y = 6$

1) $y - 3 = 3$ $y = 6$
2) $3 = y - 6$ $y = 9$
3) $5y + 8 = 53$ $y = 9$
4) $8 = 2 + y$ $y = 6$
5) $1 = 3 - y$ $y = 2$
6) $18 = 9 + y$ $y = 9$
7) $39 = 6y + 3$ $y = 6$
8) $y - 6 = 2$ $y = 8$
9) $6 = y - 2$ $y = 8$
10) $1 + 9y = 19$ $y = 2$
11) $0 = y - 4$ $y = 4$
12) $65 = 7y + 9$ $y = 8$
13) $5 = y - 1$ $y = 6$
14) $11 = y + 2$ $y = 9$
15) $y + 2 = 6$ $y = 4$
16) $10 = 4y + 2$ $y = 2$
17) $3 = y + 2$ $y = 1$
18) $y + 5 = 6$ $y = 1$

1) $9y + 4 = 76$ $y = 8$
2) $15 = 6 + 1y$ $y = 9$
3) $6 = y - 2$ $y = 8$
4) $y + 2 = 3$ $y = 1$
5) $2 = 4 - y$ $y = 2$
6) $3 - y = 2$ $y = 1$
7) $10 = y + 3$ $y = 7$
8) $9 = 5 + y$ $y = 4$
9) $y - 5 = 2$ $y = 7$
10) $y - 4 = 5$ $y = 9$
11) $9 + 4y = 13$ $y = 1$
12) $4 + 9y = 49$ $y = 5$
13) $2 = 9 - y$ $y = 7$
14) $5 + y = 12$ $y = 7$
15) $32 = 8 + 4y$ $y = 6$
16) $y + 6 = 8$ $y = 2$
17) $y - 3 = 6$ $y = 9$
18) $3 + 9y = 30$ $y = 3$

1) 2 + 2y = 18 $y = 8$
2) 11 = 5y + 6 $y = 1$
3) 17 = 2y + 3 $y = 7$
4) y − 2 = 1 $y = 3$
5) 2 = 6 − y $y = 4$
6) y − 1 = 1 $y = 2$
7) 14 = y + 5 $y = 9$
8) 3 = y − 4 $y = 7$
9) y − 5 = 2 $y = 7$
10) 8 = 6 + y $y = 2$
11) 3 = 6 − y $y = 3$
12) 7 − y = 5 $y = 2$
13) 12 = 4 + 1y $y = 8$
14) 2 = 3 − y $y = 1$
15) 34 = 6y + 4 $y = 5$
16) 25 = 9 + 4y $y = 4$
17) 59 = 3 + 7y $y = 8$
18) y + 3 = 6 $y = 3$

1) 6 − y = 4 $y = 2$
2) 2 + 5y = 37 $y = 7$
3) y − 3 = 5 $y = 8$
4) y + 3 = 10 $y = 7$
5) y − 6 = 1 $y = 7$
6) y + 4 = 8 $y = 4$
7) y + 8 = 15 $y = 7$
8) 6 + y = 8 $y = 2$
9) 11 = y + 7 $y = 4$
10) y + 8 = 10 $y = 2$
11) 14 = y + 8 $y = 6$
12) 7 − y = 5 $y = 2$
13) 7 = 8 − y $y = 1$
14) y − 1 = 3 $y = 4$
15) y + 2 = 7 $y = 5$
16) 11 = 2y + 3 $y = 4$
17) y − 3 = 3 $y = 6$
18) 5 + y = 7 $y = 2$

1) 6 + y = 12 $y = 6$
2) 5y + 9 = 29 $y = 4$
3) 9 − y = 2 $y = 7$
4) y + 3 = 7 $y = 4$
5) 16 = 8 + 8y $y = 1$
6) 2 + y = 11 $y = 9$
7) 54 = 6 + 6y $y = 8$
8) 5 + 8y = 53 $y = 6$
9) 9 = 3 + 1y $y = 6$
10) y − 4 = 4 $y = 8$
11) 12 = y + 9 $y = 3$
12) 2 = y + 1 $y = 1$
13) 2 = 7 − y $y = 5$
14) 1 + y = 5 $y = 4$
15) 6 = y − 1 $y = 7$
16) 13 = y + 7 $y = 6$
17) y + 6 = 15 $y = 9$
18) y + 8 = 15 $y = 7$

1) 7 + y = 10 $y = 3$
2) 6 − y = 4 $y = 2$
3) 45 = 9y + 9 $y = 4$
4) 33 = 9y + 6 $y = 3$
5) 1 = 9 − y $y = 8$
6) 7 + 3y = 34 $y = 9$
7) 10 = 3y + 4 $y = 2$
8) 13 = 8 + y $y = 5$
9) 4 − y = 3 $y = 1$
10) 5 = 8 − y $y = 3$
11) 11 = 2 + y $y = 9$
12) 6 = 2 + y $y = 4$
13) 8 + y = 9 $y = 1$
14) 5 = 7 − y $y = 2$
15) 6y + 5 = 35 $y = 5$
16) y + 5 = 6 $y = 1$
17) 24 = 4 + 4y $y = 5$
18) y − 1 = 3 $y = 4$

1) $19 + y = 2y$ $y = 19$
2) $90 - y = 9y$ $y = 9$
3) $252 + x = 15x$ $x = 18$
4) $11y = 120 - y$ $y = 10$
5) $11x = 144 - x$ $x = 12$
6) $33 + y = 12y$ $y = 3$
7) $13y = 216 + y$ $y = 18$
8) $108 - y = 17y$ $y = 6$
9) $40 - x = 4x$ $x = 8$
10) $22 + y = 3y$ $y = 11$
11) $17y = 36 - y$ $y = 2$
12) $19y = 324 + y$ $y = 18$
13) $39 + x = 4x$ $x = 13$
14) $80 - x = 9x$ $x = 8$
15) $9y = 40 - y$ $y = 4$
16) $48 + y = 9y$ $y = 6$

1) $72 - y = 11y$ $y = 6$
2) $2x = 19 + x$ $x = 19$
3) $95 - y = 18y$ $y = 5$
4) $4y = 60 + y$ $y = 20$
5) $72 - x = 5x$ $x = 12$
6) $4x = 90 - x$ $x = 18$
7) $220 - y = 19y$ $y = 11$
8) $24 + x = 7x$ $x = 4$
9) $9x = 40 + x$ $x = 5$
10) $66 + y = 12y$ $y = 6$
11) $15x = 272 - x$ $x = 17$
12) $121 - x = 10x$ $x = 11$
13) $2x = 17 + x$ $x = 17$
14) $102 + y = 18y$ $y = 6$
15) $36 - y = 8y$ $y = 4$
16) $2y = 3 - y$ $y = 1$

1) $45 - y = 8y$ $y = 5$
2) $18x = 209 - x$ $x = 11$
3) $6 + x = 4x$ $x = 2$
4) $14 + y = 2y$ $y = 14$
5) $112 + x = 15x$ $x = 8$
6) $15x = 80 - x$ $x = 5$
7) $11y = 10 + y$ $y = 1$
8) $72 - x = 11x$ $x = 6$
9) $15y = 140 + y$ $y = 10$
10) $15y = 240 - y$ $y = 15$
11) $108 - x = 11x$ $x = 9$
12) $98 - y = 6y$ $y = 14$
13) $224 - y = 15y$ $y = 14$
14) $60 - y = 14y$ $y = 4$
15) $119 - x = 16x$ $x = 7$
16) $8y = 126 - y$ $y = 14$

1) $80 + y = 9y$ $y = 10$
2) $11y = 170 + y$ $y = 17$
3) $112 + x = 8x$ $x = 16$
4) $4x = 50 - x$ $x = 10$
5) $9x = 8 + x$ $x = 1$
6) $15x = 224 - x$ $x = 14$
7) $65 + x = 14x$ $x = 5$
8) $18x = 119 + x$ $x = 7$
9) $210 - y = 14y$ $y = 14$
10) $27 + x = 4x$ $x = 9$
11) $3y = 38 + y$ $y = 19$
12) $11y = 160 + y$ $y = 16$
13) $120 - x = 11x$ $x = 10$
14) $16y = 119 - y$ $y = 7$
15) $12x = 121 + x$ $x = 11$
16) $45 + x = 16x$ $x = 3$

Page 25

1) $54 + x = 19x$ $x = 3$
2) $176 + y = 17y$ $y = 11$
3) $2x = 57 - x$ $x = 19$
4) $70 - y = 13y$ $y = 5$
5) $8y = 108 - y$ $y = 12$
6) $255 + x = 16x$ $x = 17$
7) $14x = 90 - x$ $x = 6$
8) $18x = 221 + x$ $x = 13$
9) $15y = 210 + y$ $y = 15$
10) $19y = 288 + y$ $y = 16$
11) $8x = 77 + x$ $x = 11$
12) $64 + x = 17x$ $x = 4$
13) $16 + y = 2y$ $y = 16$
14) $6y = 45 + y$ $y = 9$
15) $4y = 54 + y$ $y = 18$
16) $40 + y = 6y$ $y = 8$

Page 26

1) $77 + y = 8y$ $y = 11$
2) $11x = 20 + x$ $x = 2$
3) $5y = 36 - y$ $y = 6$
4) $16y = 15 + y$ $y = 1$
5) $6y = 10 + y$ $y = 2$
6) $27 + x = 4x$ $x = 9$
7) $72 + x = 13x$ $x = 6$
8) $2y = 8 + y$ $y = 8$
9) $9x = 200 - x$ $x = 20$
10) $15 + x = 6x$ $x = 3$
11) $12 + y = 2y$ $y = 12$
12) $4x = 27 + x$ $x = 9$
13) $18x = 57 - x$ $x = 3$
14) $4y = 55 - y$ $y = 11$
15) $18y = 102 + y$ $y = 6$
16) $16x = 136 - x$ $x = 8$

Page 27

1) $45 + y = 6y$ $y = 9$
2) $4y = 60 + y$ $y = 20$
3) $2y = 3 + y$ $y = 3$
4) $70 - x = 6x$ $x = 10$
5) $28 + x = 8x$ $x = 4$
6) $11 + y = 2y$ $y = 11$
7) $13x = 126 - x$ $x = 9$
8) $10y = 54 + y$ $y = 6$
9) $10 + x = 2x$ $x = 10$
10) $252 - y = 13y$ $y = 18$
11) $18y = 285 - y$ $y = 15$
12) $3y = 40 + y$ $y = 20$
13) $17y = 126 - y$ $y = 7$
14) $7x = 30 + x$ $x = 5$
15) $2x = 24 - x$ $x = 8$
16) $20 - x = 3x$ $x = 5$

Page 28

1) $14 - y = 6y$ $y = 2$
2) $153 - x = 16x$ $x = 9$
3) $4x = 55 - x$ $x = 11$
4) $144 + y = 19y$ $y = 8$
5) $16y = 85 - y$ $y = 5$
6) $13x = 196 - x$ $x = 14$
7) $2x = 45 - x$ $x = 15$
8) $56 + x = 15x$ $x = 4$
9) $10x = 165 - x$ $x = 15$
10) $64 - x = 7x$ $x = 8$
11) $306 - x = 16x$ $x = 18$
12) $8 + y = 2y$ $y = 8$
13) $48 + x = 9x$ $x = 6$
14) $11x = 40 + x$ $x = 4$
15) $5y = 78 - y$ $y = 13$
16) $114 + x = 7x$ $x = 19$

Page 29

1) $5 + y = 2y$ $\quad y = 5$

2) $5x = 72 + x$ $\quad x = 18$

3) $104 - x = 12x$ $\quad x = 8$

4) $17y = 234 - y$ $\quad y = 13$

5) $44 - x = 10x$ $\quad x = 4$

6) $21 - y = 6y$ $\quad y = 3$

7) $17 - y = 16y$ $\quad y = 1$

8) $7x = 48 - x$ $\quad x = 6$

9) $210 + x = 16x$ $\quad x = 14$

10) $3x = 32 + x$ $\quad x = 16$

11) $10x = 81 + x$ $\quad x = 9$

12) $182 - x = 13x$ $\quad x = 13$

13) $8 + y = 2y$ $\quad y = 8$

14) $5x = 16 + x$ $\quad x = 4$

15) $11x = 140 + x$ $\quad x = 14$

16) $90 + y = 10y$ $\quad y = 10$

Page 30

1) $105 + x = 16x$ $\quad x = 7$

2) $5y = 16 + y$ $\quad y = 4$

3) $270 + x = 16x$ $\quad x = 18$

4) $81 - x = 8x$ $\quad x = 9$

5) $104 - x = 7x$ $\quad x = 13$

6) $11x = 240 - x$ $\quad x = 20$

7) $285 - x = 14x$ $\quad x = 19$

8) $220 + x = 12x$ $\quad x = 20$

9) $285 - y = 14y$ $\quad y = 19$

10) $132 + y = 13y$ $\quad y = 11$

11) $10 - x = 4x$ $\quad x = 2$

12) $27 - y = 8y$ $\quad y = 3$

13) $15y = 160 - y$ $\quad y = 10$

14) $255 - x = 14x$ $\quad x = 17$

15) $3 - x = 2x$ $\quad x = 1$

16) $9y = 90 - y$ $\quad y = 9$

Page 31

1) $2x = 45 - x$ $\quad x = 15$

2) $144 + x = 10x$ $\quad x = 16$

3) $5y = 56 + y$ $\quad y = 14$

4) $17y = 48 + y$ $\quad y = 3$

5) $11 + x = 12x$ $\quad x = 1$

6) $30 - x = 2x$ $\quad x = 10$

7) $306 + y = 18y$ $\quad y = 18$

8) $2x = 16 + x$ $\quad x = 16$

9) $7x = 56 - x$ $\quad x = 7$

10) $19x = 252 + x$ $\quad x = 14$

11) $104 + y = 9y$ $\quad y = 13$

12) $55 - x = 10x$ $\quad x = 5$

13) $6x = 80 + x$ $\quad x = 16$

14) $7x = 102 + x$ $\quad x = 17$

15) $144 - y = 11y$ $\quad y = 12$

16) $5y = 60 - y$ $\quad y = 10$

Page 32

1) $84 - y = 5y$ $\quad y = 14$

2) $112 - y = 7y$ $\quad y = 14$

3) $120 + x = 13x$ $\quad x = 10$

4) $45 - y = 2y$ $\quad y = 15$

5) $19x = 54 + x$ $\quad x = 3$

6) $11y = 20 + y$ $\quad y = 2$

7) $235 + y = 14y + 14$ $\quad y = 17$

8) $90 + x = 6x$ $\quad x = 18$

9) $224 + x = 17x$ $\quad x = 14$

10) $64 + y = 5y$ $\quad y = 16$

11) $84 + x = 13x$ $\quad x = 7$

12) $332 - y = 9 + 18y$ $\quad y = 17$

13) $12x = 143 - x$ $\quad x = 11$

14) $2y = 16 + y$ $\quad y = 16$

15) $19y = 120 - y$ $\quad y = 6$

16) $8y = 9 - y$ $\quad y = 1$

Page 33

1) $5y = 84 - y$ $y = 14$

2) $83 + y = 6 + 8y$ $y = 11$

3) $4 + 19x = 124 - x$ $x = 6$

4) $16 + 9y = 126 - y$ $y = 11$

5) $16 + 2x = 28 + x$ $x = 12$

6) $30 + y = 7y$ $y = 5$

7) $19x + 15 = 141 + x$ $x = 7$

8) $12 + 8y = 192 - y$ $y = 20$

9) $156 + y = 14y$ $y = 12$

10) $34 - x = 16x$ $x = 2$

11) $6 + 7x = 158 - x$ $x = 19$

12) $8x + 13 = 157 - x$ $x = 16$

13) $15x = 208 - x$ $x = 13$

14) $60 - x = 5x + 18$ $x = 7$

15) $3x + 12 = 20 - x$ $x = 2$

16) $122 + x = 17 + 8x$ $x = 15$

Page 34

1) $58 - y = 19 + 2y$ $y = 13$

2) $143 - y = 10y$ $y = 13$

3) $60 - y = 4y$ $y = 12$

4) $19 + 12y = 32 - y$ $y = 1$

5) $85 - y = 8y + 13$ $y = 8$

6) $14 + 6x = 34 + x$ $x = 4$

7) $115 + y = 16 + 10y$ $y = 11$

8) $120 + y = 7y$ $y = 20$

9) $73 + y = 13 + 13y$ $y = 5$

10) $110 + x = 11 + 12x$ $x = 9$

11) $18x + 1 = 153 - x$ $x = 8$

12) $56 + y = 15y$ $y = 4$

13) $9x = 24 + x$ $x = 3$

14) $66 - y = 10y + 11$ $y = 5$

15) $10y + 5 = 60 - y$ $y = 5$

16) $9 + y = 2y$ $y = 9$

Page 35

1) $180 - x = 11x$ $x = 15$

2) $14 + 15y = 94 - y$ $y = 5$

3) $380 - x = 19x$ $x = 19$

4) $15x = 14 + x$ $x = 1$

5) $4x = 15 + x$ $x = 5$

6) $13y = 120 + y$ $y = 10$

7) $7 + 16x = 127 + x$ $x = 8$

8) $171 - y = 8y$ $y = 19$

9) $14y = 65 + y$ $y = 5$

10) $34 - x = 6x + 20$ $x = 2$

11) $3x + 11 = 41 + x$ $x = 15$

12) $74 + y = 5y + 14$ $y = 15$

13) $14y = 26 + y$ $y = 2$

14) $120 - x = 19x$ $x = 6$

15) $18x + 18 = 189 - x$ $x = 9$

16) $17x + 13 = 121 - x$ $x = 6$

Page 36

1) $11y = 60 - y$ $y = 5$

2) $150 - y = 15y + 6$ $y = 9$

3) $2x + 12 = 29 + x$ $x = 17$

4) $107 + y = 9y + 3$ $y = 13$

5) $288 - x = 15x$ $x = 18$

6) $152 - x = 9 + 12x$ $x = 11$

7) $16 - x = 15x$ $x = 1$

8) $140 - y = 13y$ $y = 10$

9) $18y = 285 - y$ $y = 15$

10) $19 - x = 4x + 9$ $x = 2$

11) $108 - y = 11y$ $y = 9$

12) $10x = 88 - x$ $x = 8$

13) $156 - y = 11y$ $y = 13$

14) $164 + y = 11 + 10y$ $y = 17$

15) $19y = 120 - y$ $y = 6$

16) $6 + 14y = 188 + y$ $y = 14$

Page 37

1) $110 - y = 9y$ $y = 11$
2) $8x = 14 + x$ $x = 2$
3) $135 + x = 16x$ $x = 9$
4) $47 + y = 19 + 8y$ $y = 4$
5) $150 - x = 9x$ $x = 15$
6) $27 - y = 2y$ $y = 9$
7) $98 + x = 8x$ $x = 14$
8) $2 + 11x = 132 + x$ $x = 13$
9) $6 + x = 2x$ $x = 6$
10) $2y + 1 = 16 + y$ $y = 15$
11) $156 - x = 12x$ $x = 12$
12) $90 + y = 19y$ $y = 5$
13) $5x = 120 - x$ $x = 20$
14) $37 + y = 17 + 5y$ $y = 5$
15) $10y + 5 = 115 - y$ $y = 10$
16) $8y = 70 + y$ $y = 10$

Page 38

1) $10 + y = 6y$ $y = 2$
2) $8 + 10y = 206 - y$ $y = 18$
3) $17y + 5 = 229 + y$ $y = 14$
4) $11x = 12 - x$ $x = 1$
5) $2x + 1 = 46 - x$ $x = 15$
6) $121 + x = 12x$ $x = 11$
7) $143 + x = 7 + 9x$ $x = 17$
8) $27 + y = 10y$ $y = 3$
9) $12x = 154 + x$ $x = 14$
10) $4x = 33 + x$ $x = 11$
11) $4 + 16x = 106 - x$ $x = 6$
12) $5 + 3x = 31 + x$ $x = 13$
13) $285 - y = 18y$ $y = 15$
14) $144 - x = 7x$ $x = 18$
15) $8x = 35 + x$ $x = 5$
16) $19y = 90 + y$ $y = 5$

Page 39

1) $17y = 360 - y$ $y = 20$
2) $225 + x = 16x$ $x = 15$
3) $11x = 12 - x$ $x = 1$
4) $2 + 12y = 54 - y$ $y = 4$
5) $12 + 19x = 336 + x$ $x = 18$
6) $20 + 15x = 188 + x$ $x = 12$
7) $60 + y = 16y$ $y = 4$
8) $35 - x = 6x$ $x = 5$
9) $11y + 9 = 117 - y$ $y = 9$
10) $112 - y = 10y + 2$ $y = 10$
11) $2y = 60 - y$ $y = 20$
12) $19 + 11y = 187 - y$ $y = 14$
13) $158 - y = 14 + 17y$ $y = 8$
14) $386 - y = 18y + 6$ $y = 20$
15) $44 + x = 12x$ $x = 4$
16) $20 + 15y = 68 - y$ $y = 3$

Page 40

1) $41 + x = 5x + 5$ $x = 9$
2) $115 - x = 6x + 17$ $x = 14$
3) $17x + 12 = 204 + x$ $x = 12$
4) $88 - y = 18y + 12$ $y = 4$
5) $88 - x = 10x$ $x = 8$
6) $36 - y = 5y$ $y = 6$
7) $228 + x = 13x$ $x = 19$
8) $63 + x = 10x$ $x = 7$
9) $104 - y = 4 + 19y$ $y = 5$
10) $19 + x = 8x + 12$ $x = 1$
11) $7x = 160 - x$ $x = 20$
12) $8x = 119 + x$ $x = 17$
13) $19y = 126 + y$ $y = 7$
14) $15 + 10x = 81 - x$ $x = 6$
15) $152 + y = 9y$ $y = 19$
16) $13x + 3 = 227 - x$ $x = 16$

Page 41

1) 2x − 14x + 20 + 10
−12x + 30

2) 7x − 12 + 19x − 13 + 4x + 9
30x − 16

3) −x + 13x
12x

4) −14x + 7x
−7x

5) 10 + 12x − 18x
−6x + 10

6) −7x + 19x + 17 − 2x
10x + 17

7) 19 − 14(−19x + 6)
266x − 65

8) 4 + 19(5x + 7)
95x + 137

9) 3 + 2(15x − 1)
30x + 1

10) 8x − 7 − 8x + 12
5

11) 5 − 5(−19x + 19)
95x − 90

12) x − 13x + 16x + 7 + 16
4x + 23

13) 15 − 16x + 9 − 8x + 17 − 14x
−38x + 41

14) −17 − 8x + 10x − 6 + 2x
4x − 23

15) −7x − 6 + 16x
9x − 6

16) 13x + 10 + 7x
20x + 10

17) −3x − 6x
−9x

18) −17x + 16x
−x

19) 13x + 12x
25x

20) 12x + 19x
31x

Page 42

1) −x − 4x
−5x

2) 14x + 4 − 20x − 15 + 12x − 20
6x − 31

3) 18x + 6x
24x

4) 10x − 6x
4x

5) 2x + 8x
10x

6) −2x − 15x
−17x

7) 4 − 18x + 4 − 4x + 18 − 13x
−35x + 26

8) 6x − 13x + 8 + 6
−7x + 14

9) 15x + 20x
35x

10) 3x − x
2x

11) −5x + 6 − 12 + 6x
x − 6

12) −6 + 5x − 12x − 9 + x
−6x − 15

13) −2x + 2x + 9 − x
−x + 9

14) 14x − 16x + 7x − 1 + 2
5x + 1

15) x − 7x
−6x

16) −2 − 5x + 20 − 15x
−20x + 18

17) −17x + x
−16x

18) 19x + 8x
27x

19) −18x + x
−17x

20) x − 13x + 13x + 12 + 19
x + 31

Page 43

1) 5x + 1 + x
6x + 1

2) −7 + 14x + 6 − 8x
6x − 1

3) 14x + 10 + 3x + 13 + 17x + 14
34x + 37

4) 12x − x
11x

5) 2x − x
x

6) 8 + x − 1 + 12x
13x + 7

7) −4x − 1 − 3x
−7x − 1

8) 20x + 9 + x
21x + 9

9) 10 + 19x − 15x
4x + 10

10) 11x − 8 − 9x + 9
2x + 1

11) x − 4x
−3x

12) 20 + 11x − 2x + 19 − x
8x + 39

13) −9x − 9x
−18x

14) 4 + 17x − 19 + 14x
31x − 15

15) x + 12x
13x

16) x − 19x + 13x + 11 + 7
−5x + 18

17) 8 + 6(6x + 20)
36x + 128

18) −x + 6x
5x

19) 12 + 5x − 14x
−9x + 12

20) 14 + 4x − 11x
−7x + 14

Page 44

1) 17x + 14 + 11x
28x + 14

2) −15x − 19x
−34x

3) x − 14 − 17x + 15
−16x + 1

4) 7 − 1(−6x + 13)
6x − 6

5) −x − 18x
−19x

6) −x − 2x
−3x

7) 8x + 10x
18x

8) −17x − 20x
−37x

9) −x + 2x
x

10) −17x + 5x
−12x

11) 4x − 16x
−12x

12) 5x + 19 + 6x + 6 + 4x + 3
15x + 28

13) −11x + x
−10x

14) 7x − 9 − x + 9 − 13
6x − 13

15) 2x − 15x + 5 + 20
−13x + 25

16) 10x − 5x + 14x − 5 + 18
19x + 13

17) 6x − 18 − 14x + 13
−8x − 5

18) 11x − 5x + 1 + 6
6x + 7

19) −15x + 13 + 8x + 19 + 17x − 17
10x + 15

20) x − 8x
−7x

Page 45

1) $3 + 12(16x - 13)$
$192x - 153$

2) $19 + 10x - 5 + 10x - 15 + 4x$
$24x - 1$

3) $2x + 9 - 5x + 3 + 17x + 2$
$14x + 14$

4) $8 + 6x - 3 + 15x$
$21x + 5$

5) $-14x - 6 + 19x$
$5x - 6$

6) $-19 - 10x + 14 - 11x$
$-21x - 5$

7) $x - 12x + 8x + 2 + 18$
$-3x + 20$

8) $x - 9x$
$-8x$

9) $18x + 18 - 8x + 7 + 10x + 19$
$20x + 44$

10) $-x + 19x$
$18x$

11) $18 + 16x - 10x + 16 - 8x$
$-2x + 34$

12) $x + 9x$
$10x$

13) $x - 6x$
$-5x$

14) $-5x - 12 - 7x$
$-12x - 12$

15) $-15x - x$
$-16x$

16) $2 + 13(-20x + 1)$
$-260x + 15$

17) $4x + x$
$5x$

18) $-2x + 10x + 16 - 11x$
$-3x + 16$

19) $-16x - x$
$-17x$

20) $-4 + 10x - 20x - 1 + 14x$
$4x - 5$

Page 46

1) $-3x + 11x + 18 - 3x$
$5x + 18$

2) $x - 8x$
$-7x$

3) $1 + 5x - 12 + 17x - 2 + 6x$
$28x - 13$

4) $-4x + 7 - 10x$
$-14x + 7$

5) $3x - 8x + 9 + 10$
$-5x + 19$

6) $16x + 16x$
$32x$

7) $-19 - 3x + 7x - 1 + 14x$
$18x - 20$

8) $18x - 12x + 18 + 11$
$6x + 29$

9) $19x - x$
$18x$

10) $x - 16x + 13x + 8 + 17$
$-2x + 25$

11) $-x + 5x$
$4x$

12) $-11x - 18 + 4 - 11x$
$-22x - 14$

13) $-8x + 5 - 14x$
$-22x + 5$

14) $14x + x$
$15x$

15) $16x - 7 + 13x - 5 + x + 18$
$30x + 6$

16) $6 + 19 + 20x - 14x + 6 - 3x$
$3x + 31$

17) $9 + 7x - 20 + 16x - 2 + 14x$
$37x - 13$

18) $13x + 6 + 18x$
$31x + 6$

19) $6 + 16(17x - 11)$
$272x - 170$

20) $14x + x$
$15x$

Page 47

1) $10 + 5 + 11x - 8x + 3 - 18x$
$-15x + 18$

2) $-12 + 14x - 14x - 12 + 11x$
$11x - 24$

3) $9x - 6 - 5x + 13$
$4x + 7$

4) $-20x - x$
$-21x$

5) $14x + 7 - 10x - 18 + 18x - 20$
$22x - 31$

6) $x - 12x$
$-11x$

7) $x - 15x + 9x + 12 + 8$
$-5x + 20$

8) $16 - 14(2x - 15)$
$-28x + 226$

9) $13x + 4 + x$
$14x + 4$

10) $-7x + x$
$-6x$

11) $8 + 2x - 18x + 12 - 11x$
$-27x + 20$

12) $8 + 14x - 15 + 20x$
$34x - 7$

13) $-19x + 2 - 6x$
$-25x + 2$

14) $-11 + 4 - 9x + 14x - 1 + 5x$
$10x - 8$

15) $-20x + 13 + 14x + 4 + 18x - 19$
$12x - 2$

16) $7x - 11x + 4 + 16$
$-4x + 20$

17) $-2x - 20 - 3x$
$-5x - 20$

18) $19x - 13 - x + 15 - 18$
$18x - 16$

19) $9x - 16 - x + 1$
$8x - 15$

20) $-5 + 10x - 4x - 14 - 11x$
$-5x - 19$

Page 48

1) $4 + 6(7x - 19)$
$42x - 110$

2) $-3x + 20 - 12 + 14x$
$11x + 8$

3) $9x - x$
$8x$

4) $x - 14x + 11x + 13 + 1$
$-2x + 14$

5) $-20x + 1 + 4x + 13 + 2x - 11$
$-14x + 3$

6) $8 + 4 + 5x - 2x + 15 - 6x$
$-3x + 27$

7) $-3x + 6x$
$3x$

8) $18 + 14x - 9 + 17x - 14 + 4x$
$35x - 5$

9) $4x + 1 - 9 - 13x + 2x$
$-7x - 8$

10) $18 - 15x + 15 - 6x + 10 - x$
$-22x + 43$

11) $11x + 4 - 17x + 7 + 16x + 18$
$10x + 29$

12) $-18x + 18 + 8x$
$-10x + 18$

13) $-6x + 20 - 16 + 18x$
$12x + 4$

14) $9 + 12x - 15x$
$-3x + 9$

15) $17 + 20(8x + 2)$
$160x + 57$

16) $16x - 8x + 2x - 16 + 1$
$10x - 15$

17) $x + 11 + 15x$
$16x + 11$

18) $7 + 11 + 8x - x + 17 - 7x$
35

19) $6x + x$
$7x$

20) $14x + 19 - 2 - 2x + 18x$
$30x + 17$

Page 49

1) $-3x - 14 - 11x$
   $-14x - 14$

2) $-x + 7x$
   $6x$

3) $12x - 12x + 7 + 11$
   18

4) $-16x - x$
   $-17x$

5) $12 + 11(-17x + 20)$
   $-187x + 232$

6) $16x - 16 - 5x + 17$
   $11x + 1$

7) $x - 15x + 15x + 4 + 11$
   $x + 15$

8) $4 + 18(10x - 18)$
   $180x - 320$

9) $-2x - 1 - 8x$
   $-10x - 1$

10) $20 - 16(-13x + 13)$
    $208x - 188$

11) $8x - 9 + 2x - 3 + 15x + 14$
    $25x + 2$

12) $3 - 7(-19x + 12)$
    $133x - 81$

13) $-8x + 11 + 20x$
    $12x + 11$

14) $x + 13 + 3x$
    $4x + 13$

15) $1 + 19(14x + 18)$
    $266x + 343$

16) $18 + 15(6x + 10)$
    $90x + 168$

17) $13 + 4 + 4x - 4x + 18 - 16x$
    $-16x + 35$

18) $6 - 14(-12x + 18)$
    $168x - 246$

19) $-2x + 12 - 9x$
    $-11x + 12$

20) $-6x + 9x$
    $3x$

Page 50

1) $-11x + x$
   $-10x$

2) $12x - 11x + 4x - 20 + 14$
   $5x - 6$

3) $-9 + 19x - 9x - 11 - 11x$
   $-x - 20$

4) $x - 16x$
   $-15x$

5) $-x + 3x$
   $2x$

6) $3x - 15 - 17x + 12 - 20$
   $-14x - 23$

7) $-3x + 8x$
   $5x$

8) $13 + 3x - 5 + 15x - 7 + 17x$
   $35x + 1$

9) $14x - x$
   $13x$

10) $3x + 12 + x$
    $4x + 12$

11) $18 + x - 10 + 9x$
    $10x + 8$

12) $-4 - 8x + 2x - 11 + 11x$
    $5x - 15$

13) $5x + x$
    $6x$

14) $7 + 18x - 5 + 14x - 13 + 13x$
    $45x - 11$

15) $13x + x$
    $14x$

16) $-x + 8x$
    $7x$

17) $12 + x - 15 + 4x$
    $5x - 3$

18) $x + 14x$
    $15x$

19) $17x + 14 - 17 - 11x + 6x$
    $12x - 3$

20) $2 + 5(-9x + 12)$
    $-45x + 62$

Page 51

1) $x + 7 + 14x$
   $15x + 7$

2) $2 + 17(-4x + 11)$
   $-68x + 189$

3) $-20 + 4x + 7 - 17x$
   $-13x - 13$

4) $-20 + 8x - 2x - 5 - x$
   $5x - 25$

5) $-7x + x$
   $-6x$

6) $-2x - 12 + 13 - 15x$
   $-17x + 1$

7) $2x - 15 - 2x + 4$
   -11

8) $-3x + 3 + 11x + 19 + 5x - 7$
   $13x + 15$

9) $-17 + 18x - 20x - 17 + 10x$
   $8x - 34$

10) $3 + 14x - 5 + 15x - 9 + 10x$
    $39x - 11$

11) $15 - 5(-7x + 17)$
    $35x - 70$

12) $2x + 9 + 3x$
    $5x + 9$

13) $2x - 16x$
    $-14x$

14) $-18x + x$
    $-17x$

15) $13x - 15 - 9x + 9$
    $4x - 6$

16) $-18x + 8 - 3 + 19x$
    $x + 5$

17) $18 + 5(16x + 20)$
    $80x + 118$

18) $6x + 15 + x$
    $7x + 15$

19) $7 + 13x - 19x + 19 - 10x$
    $-16x + 26$

20) $15x - 3x + 18 + 14$
    $12x + 32$

Page 52

1) $8 + 12x - 10 + 16x - 19 + 4x$
   $32x - 21$

2) $-17x - 14x$
   $-31x$

3) $x + 10x$
   $11x$

4) $9 + x - 17 + 13x$
   $14x - 8$

5) $14 + 16x - x$
   $15x + 14$

6) $17x - 10x + 1 + 13$
   $7x + 14$

7) $16x + 13 - 15 - 4x + 4x$
   $16x - 2$

8) $6x - x$
   $5x$

9) $16x + 6 + 2x$
   $18x + 6$

10) $11x - 8x + 7x - 18 + 12$
    $10x - 6$

11) $-13 + 12x - 8x - 8 + 17x$
    $21x - 21$

12) $15x + 18 - 13x - 6 + 3x - 17$
    $5x - 5$

13) $3x - 17 + 20x - 1 + 11x + 3$
    $34x - 15$

14) $8x + 18 - 8 - 13x + 8x$
    $3x + 10$

15) $-12x - 3 - 2x$
    $-14x - 3$

16) $6x + 19 + x$
    $7x + 19$

17) $-19 + 17x - 10x - 9 + 10x$
    $17x - 28$

18) $-16x + 12 - 6x$
    $-22x + 12$

19) $14x + 13 + 5x$
    $19x + 13$

20) $4 + 1(-15x + 8)$
    $-15x + 12$

Page 53

1) $-15x + 10 - 16 + 2x$
   $-13x - 6$

2) $x - 7x + 5x + 10 + 7$
   $-x + 17$

3) $-x - 8x$
   $-9x$

4) $7x + 17 - 2x + 13 + 8x + 18$
   $13x + 48$

5) $-11x - 15x$
   $-26x$

6) $19x - 14x$
   $5x$

7) $-2x + 9x + 15 - 20x$
   $-13x + 15$

8) $4 - 10(18x - 17)$
   $-180x + 174$

9) $2x - x$
   x

10) $-7 - 15x + 18 - 7x$
    $-22x + 11$

11) $-11x + 9 - 3 + 2x$
    $-9x + 6$

12) $-5 + 2x + 12 - 7x$
    $-5x + 7$

13) $-18 - 5x + 20 - 11x$
    $-16x + 2$

14) $12 + 3(-x + 19)$
    $-3x + 69$

15) $11 + 10x - 9 + 11x - 13 + 7x$
    $28x - 11$

16) $-16x - 6x$
    $-22x$

17) $x - 4x + 14x + 20 + 4$
    $11x + 24$

18) $4x + 12 + 20x + 4 + 7x + 20$
    $31x + 36$

19) $8x + 12 + 13x + 7 + 17x + 11$
    $38x + 30$

20) $-14 + 5x - 11x - 19 - 16x$
    $-22x - 33$

Page 54

1) $20x - 2 - 4x + 19$
   $16x + 17$

2) $x - 17x$
   $-16x$

3) $-x + 11 + 14x$
   $13x + 11$

4) $14x - 7 + 5x - 20 + 7x + 4$
   $26x - 23$

5) $15 + 4 + 8x - 16x + 5 - 15x$
   $-23x + 24$

6) $-x + 7 - 15x$
   $-16x + 7$

7) $17x - 11x + 11 + 14$
   $6x + 25$

8) $13x + 20 + 4x$
   $17x + 20$

9) $-19x + 10x$
   $-9x$

10) $-10x + x$
    $-9x$

11) $13 + 8(6x - 9)$
    $48x - 59$

12) $19x + 5 - 6 - 6x + 7x$
    $20x - 1$

13) $20x - 6x + 18x - 9 + 18$
    $32x + 9$

14) $6x + 7x$
    $13x$

15) $-x - 18x$
    $-19x$

16) $-4x + 17x + 14 - 15x$
    $2x + 14$

17) $20 + x - 5 + 19x$
    $20x + 15$

18) $14 - 18(20x - 18)$
    $-360x + 338$

19) $10x - 9x + 8 + 12$
    $x + 20$

20) $-12x + 5 - 4x$
    $-16x + 5$

Page 55

1) $8 + 16x - 5x + 7 - 14x$
   $-3x + 15$

2) $x - 10x$
   $-9x$

3) $15 - 5(-8x + 8)$
   $40x - 25$

4) $-18x - x$
   $-19x$

5) $14 - 15(3x - 16)$
   $-45x + 254$

6) $20 + 14(17x - 1)$
   $238x + 6$

7) $x - 6x$
   $-5x$

8) $3 + 6x - 15 + 7x - 14 + 17x$
   $30x - 26$

9) $-20x - x$
   $-21x$

10) $8x + 16 + 7x + 12 + 13x + 3$
    $28x + 31$

11) $19x + 6 + 3x + 1 + 10x + 9$
    $32x + 16$

12) $6x - 15 - 14x + 5$
    $-8x - 10$

13) $15 + 19(6x + 2)$
    $114x + 53$

14) $8 - 6(4x - 10)$
    $-24x + 68$

15) $x - 17x$
    $-16x$

16) $11 - 19(-13x + 20)$
    $247x - 369$

17) $7 + x - 4 + 7x$
    $8x + 3$

18) $11 + 18x - 15 + 4x - 5 + 13x$
    $35x - 9$

19) $18 + 10x + 13 + 20x$
    $30x + 31$

20) $-12x - 20x$
    $-32x$

Page 56

1) $-8x + x$
   $-7x$

2) $15x + 12 + x$
   $16x + 12$

3) $3x - 15 - 5x + 9$
   $-2x - 6$

4) $15 + 11 + 14x - 18x + 18 - 2x$
   $-6x + 44$

5) $-18x - x$
   $-19x$

6) $-14 + 4x - 9x - 19 + 14x$
   $9x - 33$

7) $13 + 10x - x$
   $9x + 13$

8) $-18x - 1 - 13 - x$
   $-19x - 14$

9) $-x + 13x$
   $12x$

10) $11 + 5x + 1 + 17x$
    $22x + 12$

11) $12x + 13 - 14x + 7 + 6x + 12$
    $4x + 32$

12) $16 + 6(6x - 1)$
    $36x + 10$

13) $5 + 14x - x + 16 - 13x$
    21

14) $19x - 15 - 15x + 7 - 2$
    $4x - 10$

15) $-14x - x$
    $-15x$

16) $13 + 6x - 7 + 18x$
    $24x + 6$

17) $-11 - 16x + 13x - 9 + 16x$
    $13x - 20$

18) $5 - 7x + 19 - 7x + 16 - 13x$
    $-27x + 40$

19) $13 + 20 + 9x - 3x + 13 - 15x$
    $-9x + 46$

20) $13 - 8x + 3 - 17x + 20 - 12x$
    $-37x + 36$

Page 57

1) $-4 + 9x + 2 - 7x$
$2x - 2$

2) $19x + 4 - 8 - 17x + 15x$
$17x - 4$

3) $-15x - 6 - 4 - 6x$
$-21x - 10$

4) $20x + 3 + 18x$
$38x + 3$

5) $7x + x$
$8x$

6) $-19 + 12x - 15x - 1 - 8x$
$-11x - 20$

7) $8x - x + 11 + 3$
$7x + 14$

8) $11x + 20 + x$
$12x + 20$

9) $-8x + 5x$
$-3x$

10) $-7x - 18 - 8x$
$-15x - 18$

11) $13x + 19 + 5x + 2 + 19x + 19$
$37x + 40$

12) $7x + 20 - 10x + 20 + 9x + 16$
$6x + 56$

13) $10x - 4 - 7x + 17$
$3x + 13$

14) $-x - 15x$
$-16x$

15) $-4x - 15x$
$-19x$

16) $-4 + 7 - 12x + 18x - 12 + 19x$
$25x - 9$

17) $6x - 7x + 12x - 7 + 11$
$11x + 4$

18) $-20 + 9x - 10x - 10 - 12x$
$-13x - 30$

19) $14x - 12 + 5x - 19 + 16x + 1$
$35x - 30$

20) $20x - 18 + 8x - 18 + 17x + 4$
$45x - 32$

Page 58

1) $x - 3x$
$-2x$

2) $17x - 17x$
0

3) $-1 + 20x - 12x - 6 + 7x$
$15x - 7$

4) $-19x + x$
$-18x$

5) $4x - 7 - 5x + 12 - 14$
$-x - 9$

6) $4x - 17 - 5x + 7 - 10$
$-x - 20$

7) $20x - 14 + 14x - 6 + 11x + 10$
$45x - 10$

8) $18x - 9x + 19 + 8$
$9x + 27$

9) $-17x + 14 + 15x$
$-2x + 14$

10) $10 + x - 2 + 8x$
$9x + 8$

11) $16x + 1 + 15x$
$31x + 1$

12) $17 + x - 9 + 9x$
$10x + 8$

13) $20x + 19 + 11x + 6 + 17x + 18$
$48x + 43$

14) $-6x - x$
$-7x$

15) $6x + x$
$7x$

16) $x - x$
0

17) $5x - 3 + 20x - 8 + 6x + 20$
$31x + 9$

18) $10x - x$
$9x$

19) $-17 + 4x - 3x - 5 + 12x$
$13x - 22$

20) $14x + 9 - 6x + 1 + 9x + 10$
$17x + 20$

Page 59

1) $-20x - 2 + 17 - 20x$
$-40x + 15$

2) $-16x + 16x + 16 - 4x$
$-4x + 16$

3) $x + 12 + 9x + 18 + 12x + 6$
$22x + 36$

4) $-11x + 17 - 11x$
$-22x + 17$

5) $-18x + 18x$
0

6) $-18 - 9x + 16x - 3 + 16x$
$23x - 21$

7) $13x + 3 + 6x$
$19x + 3$

8) $-20 - 19x + 19x - 7 + 8x$
$8x - 27$

9) $19x + 17 - 13x - 17 + 4x - 5$
$10x - 5$

10) $4 + 18x - 17 + 13x - 10 + x$
$32x - 23$

11) $-13x - 14 - 5 - 19x$
$-32x - 19$

12) $12x + 19 - 13x + 20 + 11x + 9$
$10x + 48$

13) $-3 - 7x + 19x - 3 + 7x$
$19x - 6$

14) $5x + 19 - 2x - 1 + 8x - 1$
$11x + 17$

15) $-14 + 5x - 18x - 1 - 20x$
$-33x - 15$

16) $x - x$
0

17) $-3x - x$
$-4x$

18) $18 + 6x - 1 + 15x - 6 + x$
$22x + 11$

19) $18 + 17x - 9 + 2x - 18 + 15x$
$34x - 9$

20) $-19x + 10x$
$-9x$

Page 60

1) $-x + 9 + 16x$
$15x + 9$

2) $-x - 17 - 12 - 3x$
$-4x - 29$

3) $x - 5x + 3x + 6 + 3$
$-x + 9$

4) $4 + 20 + 15x - 8x + 19 - x$
$6x + 43$

5) $-12x - 20x$
$-32x$

6) $14x - 12x$
$2x$

7) $12 + 19x - x$
$18x + 12$

8) $-12 - 17x + 17x - 12 + x$
$x - 24$

9) $-20 - 18x + 8x - 15 + 10x$
-35

10) $-12x - 15 - 15x$
$-27x - 15$

11) $19 - 6x + 20 - 15x + 15 - 18x$
$-39x + 54$

12) $19 - 10(-2x + 3)$
$20x - 11$

13) $-x + 15x$
$14x$

14) $-5x - 12 - 20 - 13x$
$-18x - 32$

15) $-6 - 11x + 13x - 19 + 15x$
$17x - 25$

16) $8x + 11 - 7 - 3x + 2x$
$7x + 4$

17) $18 - 19(7x - 7)$
$-133x + 151$

18) $x - 12x$
$-11x$

19) $6x + 19 - 16x - 7 + 10x - 13$
-1

20) $17 + 18(5x - 1)$
$90x - 1$

Made in the USA
Middletown, DE
08 September 2024

60591137R00051